不可不读的

开启知识宝库 认识大千世界

炫酷儿童百科
动物王国

主 编：孟 勋

U0292004

吉林人民出版社

目录

6 / 大象用鼻子吸水会不会被呛到？

8 / 长颈鹿的脖子为什么那么长？

10 / "一山不容二虎"是真的吗？

12 / 为什么雄狮喜欢睡懒觉？

14 / 猎豹捕获猎物后，为什么不马上进食？

16 / 斑马是白底黑条纹，还是黑底白条纹？

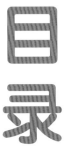

18 / 为什么说骆驼是"沙漠之舟"？

20 / 河马出"血汗"是因为受伤了吗？

22 / 犀牛身上为什么总是站着小鸟？

24 / 北极熊为什么能生活在寒冷的北极？

26 / 大熊猫为什么总喜欢倒立着在树上撒尿？

28 / 大熊猫的宝宝叫小熊猫吗？

30 / 袋鼠是大老鼠吗？

32 / 树懒真的很懒吗？

34 / 马为什么站着睡觉？

36 / 你知道小狗怎样表达自己的情绪吗？

38 / 为什么说"猫有九条命"？

40 / 为什么小白兔的眼睛是红色的？

42 / 为什么下雨前青蛙叫得欢？

44 / 为什么蛇总是喜欢吐舌头？

46 / 鳄鱼流泪是因为伤心吗？

48 / 变色龙是魔术师吗？

50 / 为什么壁虎能"飞檐走壁"？

52 / 蝙蝠为什么倒挂着睡觉？

54 / 仙鹤打盹儿时，为什么抬起一只脚？

56 / 为什么孔雀要开屏？

58 / 鸵鸟把头埋进沙堆是因为害羞吗？

60 / 啄木鸟快速地啄树，会不会得脑震荡？

62 / 鹦鹉能和人聊天儿吗？

64 / 为什么称乌鸦为"清道夫"？

66 / 麻雀走路为什么一蹦一跳的？

68 / 公鸡为什么在黎明时打鸣儿？

70 / 鸭子走路为什么一摇一摆的？

72 / 海鸥为什么喜欢追着轮船飞？

74 / 企鹅的脚长时间踩在冰上，会冻坏吗？

76 / 花丛中飞舞的蝴蝶是在玩耍吗？

78 / 飞蛾扑火是想自杀吗？

80 / 蜻蜓为什么要点水？

82 / 有几颗"星"的瓢虫是益虫？

84 / 蜜蜂是怎么把花蜜酿成美味的蜂蜜的？

86 / 为什么说蚂蚁是"大力士"？

88 / 苍蝇为什么喜欢把脚蹭来蹭去？

90 / 螳螂是怎样"换衣服"的？

92 / 蜘蛛网为什么不会粘住蜘蛛？

94 / 蜗牛为什么喜欢背着"房子"走路？

96 / 猫头鹰睡觉为什么睁一只眼、闭一只眼？

98 / 螃蟹为什么总是"横行霸道"？

100 / 鱼也会睡觉吗？

102 / 小海马是海马爸爸生出来的吗？

104 / 海豚会说话吗？

106 / 鲸为什么要喷出高高的水柱？

108 / 海龟为什么能找到回"故乡"的路？

110 / 乌贼为什么要喷"墨汁"？

112 / 为什么植食性恐龙比肉食性恐龙大？

114 / 长大牙的霸王龙和有角的三角龙谁厉害？

116 / 为什么恐龙会灭绝？

118 / 恐龙会复活吗？

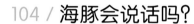

大象用鼻子吸水会不会被呛到?

wǒ men zài yóu yǒng shí　　bí zi bù xiǎo xīn xī jìn shuǐ jiù huì bèi
我们在游泳时，鼻子不小心吸进水就会被

qiāng dào　　nà me dà xiàng yòng cháng cháng de bí zi xī shuǐ　　huì bú huì bèi
呛到，那么大象用长长的鼻子吸水，会不会被

qiāng dào ne　　yuán lái　　suī rán dà xiàng de shí dào hé qì guǎn xiāng tōng
呛到呢？原来，虽然大象的食道和气管相通，

dàn shì tā de shí dào shàng fāng yǒu yí kuài xiàng zhá mén yí yàng de ruǎn gǔ
但是它的食道上方有一块像闸门一样的软骨。

大象看起来笨重，但却是游泳健将，每小时可以游两三千米，能连续游五六个小时甚至更久。大象游泳时全身都浸在水里，只把鼻子伸出水面。

dāng dà xiàng yòng bí zi xī shuǐ shí zhè kuài ruǎn gǔ néng
当大象用鼻子吸水时，这块软骨能

gòu zàn shí fēng bì qì guǎn kǒu zhè yàng shuǐ jiù huì
够暂时封闭气管口，这样，水就会

yóu bí qiāng liú rù shí dào ér bú huì liú rù qì guǎn
由鼻腔流入食道，而不会流入气管

qiāng dào fèi le
呛到肺了。

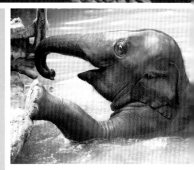

长颈鹿的脖子为什么那么长？

长颈鹿是最高的哺乳动物，它脖子的长度占身高的一半左右。然而长颈鹿的祖先根本没有长长的脖子。后来，由于全球气候变化，青草稀少，长颈鹿为了吃到高处的树叶，努力地伸长脖子。经过漫长的进化，长脖子的长颈鹿能够适应环境，生存了下来；短脖子的长颈鹿被自然所淘汰。

由于个子太高，长颈鹿喝水时不得不叉开前腿或跪在地上，这样容易遭到敌人的攻击，所以群居的长颈鹿往往不会同时喝水。

　　老虎虽然生活在丛林里，但却不会爬树。不过老虎非常喜欢水，游泳的本领也不错，天热时常会到河中游水玩。

"一山不容二虎"
是真的吗？

在动物园里，我们可以看到"群居"的老虎，但野生老虎却是实实在在的独居动物。"一山不容二虎"是一种非常合理的现象。一片足够大的山林方便小动物们觅食、饮水，生存得更好；而数量足够多的小动物才能满足老虎大大的胃口。因此，自然界中的老虎都有自己的"地盘"，来满足自己的生存需要。

为什么雄狮喜欢睡懒觉？

雌狮外出捕猎，还要照顾幼狮，而雄狮却整天睡大觉，难道它真的这么懒吗？其实它们各有分工：雌狮体型小，方便藏身，是捕猎时的"突击手"；雄狮则魁梧有力，在捕猎时，它作为雌狮强大的后盾，更是捕猎成功的关键力量。充足的睡眠可以帮雄狮养足精力，来维护狮群的安全。

　　每个狮群里都有很多雌狮和幼狮，却只有一到两只成年雄狮。年幼的雄狮一旦成年，就会被赶出狮群，自谋生路。

「码」上来听

由于猎豹牙齿小，难以咬死猎物，常有猎物苏醒后逃生的现象。而对于逃跑的猎物，猎豹一般也没有体力去追。

猎豹捕获猎物后，为什么不马上进食？

猎豹的奔跑速度极快，捕猎的成功率也非常高，但高速奔跑这种剧烈运动会给猎豹的身体造成极大的负担。每次捕获猎物之后，猎豹的体力基本消耗光了，甚至连进食的力气都没有了。这个时候，猎豹就会把猎物先分给孩子们享用，等自身体力恢复一些后再进食。

斑马嗅（xiù）觉灵敏，是天生的"找水高手"。在表面看来干涸的河床或土地上，斑马有时能用蹄子挖出深达1米的"水井"。

斑马是白底黑条纹，还是黑底白条纹？

斑马身上黑白相间的条纹，是一种高明的伪装，也是一种聪明的进化。可是斑马究竟是长满黑条纹的白马，还是长满白条纹的黑马呢？原来，斑马的胚胎在开始发育时会首先长成黑色，逐渐发育后才长出白色的条纹。因此，这个来自胚胎学的证据告诉我们：斑马是长满白条纹的黑马。

为什么说骆驼是"沙漠之舟"？

骆驼是忍耐力超强的动物，能穿越干旱少水、环境恶劣的沙漠。它的长睫毛和能关闭的鼻孔可以阻挡风沙；它的驼峰里储存着大量脂肪，可以几十天不吃不喝；它的脚掌宽而肥大，长着软软的肉垫，不会陷入沙子里。骆驼在沙漠中来去自如，帮人们驮运物品，所以被誉为"沙漠之舟"。

「码」上来听

　　单峰驼身型瘦高，长着蓬松的卷毛，比较耐热。双峰驼长着厚厚的毛，腹部和膝（xī）盖的毛格外坚硬，比较耐寒。

河马出"血汗"
是因为受伤了吗？

河马的皮肤有时会渗出"血汗"，难道河马受伤了吗？其实河马是没有汗腺的，当然不可能流汗，也没有受伤。

"血汗"是河马的皮下腺体分泌出的黏稠液体，相当于河马自制的"超级防晒霜"，不仅能抵挡紫外线，还有杀菌作用。有了"血汗"的保护，河马皮肤感染的几率就大大降低了。

河马是现存的嘴巴最大的陆地动物。它的牙齿也很大，是有力的进攻武器。

由于长期与地面和植被摩擦，犀牛角变得像一把锋利的剑。受到惊吓时，犀牛就会晃动庞大的身躯，用角撞向敌人。

犀牛身上为什么总是站着小鸟？

犀牛是一种暴躁、凶猛的动物，但它却能与一种黑色的小鸟和平相处。这是因为犀牛的皮肤虽然坚厚，可是皮肤皱褶之间又嫩又薄，蚊虫吸食血液弄得犀牛又痛又痒，而这种小鸟正是"捕虫好手"。除此之外，"忠实"的小鸟还能提醒有近视眼的犀牛及时防御敌人偷袭。人们索性把这种小鸟叫作犀牛鸟。

北极熊的脚掌又宽又厚，上面长着好多厚厚的毛，既保暖，又防滑，是天然的"雪地鞋"。

『码』上来听

北极熊为什么能生活在寒冷的北极？

北极熊身上的毛在显微镜下看就是一根根空心的管子，它们不但保温效果好，还能吸收阳光，将其转化成热量并输送到全身。另外，北极熊爱吃海豹和海象，这些食物也可以转化成大量的热量，积存在北极熊厚厚的脂肪层中。

而在缺乏阳光和食物的冬季，北极熊便靠冬眠来维持生命。

『码』上来听

患病的大熊猫一找到水源就会"没命地狂饮",通过喝水来自我治疗,排出体内毒素,最后像个酒鬼一样"醉"倒在水边。

大熊猫为什么总喜欢倒立着在树上撒尿？

大熊猫真是既可爱又淘气的动物，它竟然喜欢倒立着在树上撒尿。但它这样做是有原因的。科学家发现，大熊猫倒立时可以将尿液撒到树上更高的位置，方便气味扩散得更远，持续时间更长。这样不仅说明这儿是它的领地，还能吸引雌性大熊猫到来，从而繁育出更多的大熊猫宝宝。

大熊猫的宝宝叫小熊猫吗?

老虎的宝宝叫小老虎,马的宝宝叫小马驹,那么大熊猫的宝宝就叫小熊猫吗?小熊猫身上长着蓬松的红褐色毛,四肢是黑褐色的,长尾巴毛茸茸的,要是给它拍写真,会是漂亮的彩色照片。而大熊猫是黑白两色的,无论何时只能拍出黑白照片。可见,小熊猫和大熊猫是两种完全不同的动物。

『码』上来听

小熊猫和大熊猫都喜欢吃竹子。此外，小熊猫还喜欢吃野果和树叶，也会捕食小鸟和昆虫等。

袋鼠是大老鼠吗？

老鼠和袋鼠的名字里都有个"鼠"字，但它们可不是同一种动物。老鼠属于哺乳纲的啮齿目，而袋鼠属于哺乳纲的有袋目。袋鼠是低等哺乳动物，没有胎盘。它的幼崽不能像高级哺乳动物那样，通过胎盘吸取营养，出生后还要在袋鼠妈妈的育儿袋里再生活几个月，才能发育成熟。

袋鼠进食时，尾巴像拐杖一样落在地上支撑着身体，不仅如此，它还像袋鼠的第五条腿一样，为行走提供动力。

树懒真的很懒吗？

树懒的"懒"可以说超出了你的想象，它甚至懒得去吃，懒得去玩，就算危险时刻，它每秒钟也只会移动20厘米。可是，就算它懒得吃，你也不必担心它会饿晕，因为它非常耐饥，一个月不吃东西也没有问题。其实，正是由于这种出奇的懒，使得它极少惊动敌人，从而获得安全。

树懒是唯一身上长有植物的野生动物，由于它几乎不动，某些藻类植物就寄生在了它的身上。

马为什么站着睡觉？

wǒ men dōu zhī dào，tǎng zhe shuì jiào shì zuì shū fu de，kě
我们都知道，躺着睡觉是最舒服的，可

shì mǎ wèi shén me zhàn zhe shuì jiào ne？yuán lái，zài yuǎn gǔ shí qī，
是马为什么站着睡觉呢？原来，在远古时期，

mǎ shì hěn duō ròu shí dòng wù de liè wù，ér tā men yòu méi yǒu xiàng niú
马是很多肉食动物的猎物，而它们又没有像牛

『码』上来听

角那样的武器，只能靠奔跑来脱险。为了在发现敌情后第一时间逃命，马不敢卧在地上睡觉，并逐渐进化出适合站着睡觉的身体结构，让它们长期站立也不会觉得累。

耳朵的动作是马传递信息的"语言"。耳朵耷（dā）拉下来，意味着它比较放松；两耳向后夹紧，说明它在生气；耳朵竖起，常常朝向它在关注的对象。

你知道小狗怎样表达自己的情绪吗？

小狗不会说话，但可以通过动作和姿态来表达情绪。高兴时，它会使劲摇尾巴，不断跳跃，不停地舔主人的手和脸；撒娇时，它的鼻子会发出"呵呵"声；做错事时，它会低下头，垂下尾巴；恐惧时，它会把尾巴夹在两腿间，背毛直立，浑身颤抖，还会不安地移动脚步。

　　人可以通过毛孔排汗散热，而小狗的汗腺分布在舌头上，天热的时候需要通过吐舌头散热。

『码』上来听

猫在饭后会用前爪擦擦胡子，被人抱过后会用舌头舔舔毛。这并不是它爱干净，而是为了除掉身上的异味，躲避捕食者追踪的本能。

为什么说
"猫有九条命"？

传说"猫有九条命"，难道它真的能起死回生吗？其实这只是人们对猫的生存能力的赞叹。猫能在高处行走自如，即使四脚朝天跌落，也能在下落过程中调整好姿态，准备着陆。而且，猫脚趾上厚实的肉垫具有很好的减震作用，长长的尾巴还能调节平衡。因此，猫一般不会因失去平衡而摔死，所以人们传言它有"九条命"。

为什么小白兔的眼睛是红色的?

小兔的毛色和眼睛的颜色，一般是由身体里的色素决定的。含有灰色素的小兔，毛和眼睛就是灰色的；含有黑色素的小兔，毛和眼睛就是黑色的。但小白兔的身体里不含色素，它的毛是白色的，而眼睛是无色透明的。我们看到的红色是小白兔血液的颜色，并不是它眼球的颜色。

『码』上来听

兔子的粪便中有没被吸收的植物纤维、维生素和蛋白质，所以兔子会吃自己的粪便来补充营养。

为什么下雨前
青蛙叫得欢？

快要下雨时，大气压力下降，湿度增加，空气中的水分增多。这种阴凉、潮湿的环境使青蛙的皮肤变得湿润，呼吸变得畅快。另外，下雨天也是青蛙享受虫子"大餐"的好时候。青蛙们用"唱歌"的方式来表达雨前的喜悦，此起彼伏的蛙叫声听起来很欢快。

「码」上来听

　　雄蛙的声音格外洪亮，是因为雄蛙的咽喉两侧长着外声囊，鸣叫时向外鼓成两个大气囊，使声音更加洪亮。

蛇从不咀嚼食物，而是将食物整个吞下。它们往往一顿吃很多，然后可以几个星期不吃东西。

为什么蛇总是喜欢吐舌头？

蛇的视力不好，需要依靠舌头刺激嗅觉和味觉来感受周围环境，寻找猎物。当蛇将舌头吐出时，舌头上会沾有空气中的气味粒子；当舌头缩回后，会将这些气味粒子送到口腔附近的"气味分析室"，也就是蛇的助鼻器。这样，即使是再细微的气味，蛇也能够分辨出来。

鳄鱼流泪
是因为伤心吗？

鳄鱼在吞食小动物时流泪，难道真的是因为伤心吗？其实，这不过是一种自然的生理现象。鳄鱼的肾脏功能不完善，吞食猎物时身体内增加的盐分不能通过肾脏和汗腺排出，只能通过眼睛附近的泪腺排出，看起来像在流泪一样。于是，人们常用谚语"鳄鱼的眼泪"来讽刺那些虚伪的人。

鳄鱼是冷血动物，要靠身体表面吸收热量来取暖，经常张着血盆大口与外界交换热量，调节体温。

变色龙是魔术师吗？

变色龙一般栖息在树上，它的四肢像吸盘一样，非常善于抓握树枝，它的尾巴又长又有力，能牢牢地缠住树枝。

【码】上来听

变色龙的皮肤组织里有多种色素细胞，使它可以随着光线、温度和自身的情绪变化，呈现出不同的皮肤颜色。动物学家研究发现：日出时，变色龙会身穿"红袍"；中午时，它又换上橘红色的"新装"；到了傍晚，它常以一身褐红色来呼应灿烂的晚霞；而到了万籁俱寂的夜晚，它的皮肤就变成了黄白色。看，它像不像一位魔术师？

壁虎遇险时会自断尾巴。断尾在原地动来动去，迷惑天敌，给壁虎创造逃生的机会。一段时间后，壁虎还会长出新的尾巴。

fēi yán zǒu bì shì rén lèi mèng mèi yǐ qiú de běn lǐng duì
"飞檐走壁"是人类梦寐以求的本领，对

bì hǔ lái shuō què qīng ér yì jǔ yuán lái bì hǔ de jiǎo zhǐ zhǎng de
壁虎来说却轻而易举。原来，壁虎的脚趾长得

fēi cháng dà xíng zhuàng yuán yuán de yǒu jǐ bǎi wàn gēn xì wēi de gāng
非常大，形状圆圆的，有几百万根细微的刚

máo měi gēn gāng máo de mò duān zhǎng yǒu hěn duō xiǎo gōu zi tā
毛。每根刚毛的末端长有很多"小钩子"，它

为什么壁虎能"飞檐走壁"？

men kě yǐ ràng bì hǔ de jiǎo yǔ wù tǐ zhī jiān chǎnshēng
们可以让壁虎的脚与物体之间产生

mó cā lì zhuā zhù wù tǐ biǎo miàn fēi cháng xì wēi
摩擦力，抓住物体表面非常细微

de tū qǐ rú cǐ yì lái bì hǔ jiù néng qīng sōng
的凸起。如此一来，壁虎就能轻松

de fēi yán zǒu bì le
地"飞檐走壁"了。

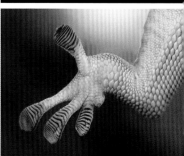

蝙蝠为什么倒挂着睡觉？

蝙蝠用后爪倒挂着休息好处多多。首先，这样不会碰到冰冷的岩壁，蝙蝠既能保持体温，又不会划伤翼膜。更重要的是，蝙蝠的后肢很短，又连着翼膜，不能站立、行走和直接起飞。蝙蝠采用倒挂的姿势睡觉，一旦有什么风吹草动，只要把爪子一松，身体往下一沉，就可以轻松起飞了。

蝙蝠飞行时发出超声波，再利用回声判断附近物体的位置、大小和移动情况，以此来寻找方向和捕食猎物。

　　仙鹤的头顶没有羽毛，头皮下方有大量的毛细血管，使得头顶呈现出鲜红色，因此又被称作丹顶鹤。

仙鹤打盹儿时，为什么抬起一只脚？

仙鹤有许多强大的敌人，为了防止敌人袭击，它们站着睡觉或休息，这样可以迅速起飞逃生。但是仙鹤的腿太细了，很难长时间承受身体的重量。所以当它打盹儿时，会用一只脚站在地上，另一只脚收起来休息，过段时间再放下另一只脚来替换。这样仙鹤就不会感到吃力了。

为什么孔雀要开屏？

你知道吗？孔雀开屏可不是在玩耍，而是有目的的。每年春天是孔雀产卵、繁殖孔雀宝宝的季节，雄孔雀常常将尾部的羽毛展开得像一把大扇子，显示自己的美丽，这样更容易讨好雌孔雀，能繁殖更多的孔雀宝宝。不过，有时候它们为了示威、防御、抗议，也会开屏。

孔雀会飞，但不善于飞行，更善于奔走。它们飞不高，也飞不远，远远看上去像是在滑翔一样。

鸵鸟不会飞，却是有名的"飞毛腿"，是世界上跑得最快的两足动物，时速可达90千米，可以和小轿车赛跑呢。

鸵鸟把头埋进沙堆是因为害羞吗?

其实,这是个误会。鸵鸟有时把头埋进沙堆里,有时把脖子贴在地上,身体蜷缩成一团,是为了借助暗褐色的羽毛将自己伪装成石头或灌木丛。这样做一来可以听到远处的声音,以便对危险信号提早做出预防;二来可以借助沙漠里的薄雾掩护自己,躲避敌害。

当虫子们躲在树干深处时，啄木鸟会用嘴敲击树干，吓得它们四处逃窜，企图逃出洞口，而啄木鸟早就等在洞口那里了。

啄木鸟快速地啄树，会不会得脑震荡？

啄木鸟的头骨十分坚固，在头骨与大脑之间有一层含有液体的海绵状骨骼，这样震波很难在啄木鸟的头部传播。而且啄木鸟的脑壳周围长满了具有减震作用的肌肉。有了这两样得天独厚的防震"法宝"，啄木鸟再怎样快速地啄树，都不会得脑震荡了。

鹦鹉能和人聊天儿吗？

鹦鹉有着超强的模仿声音的能力。它的舌头多肉、灵活；它的鸣管周围的肌肉发达，能通过收缩和放松改变形状，很容易发出各种声音；它的大脑中还有控制学习声音的特定区域。但是，鹦鹉只是在模仿人的发音，并不能真正理解自己"说话"的意义，可见，它并不能和人聊天儿。

『码』上来听

　　鹦鹉在树冠中会用嘴咬住树枝，同时双脚向上攀（pān）爬。找到食物后，它会用一只脚充当手来握住食物。

乌鸦智力超群，可以记住见过的图像，会利用工具达到自己的目的，它们还有自己的沟通方式，可以和同伴交流。

『码』上来听

为什么称乌鸦为"清道夫"？

很多人都不喜欢乌鸦，其实它是一种益鸟。乌鸦喜欢腐肉和残羹剩饭，城市里的它们不仅不会影响人类的生活，还会帮助清理生活垃圾，为保护生态环境做出了贡献。另外，乌鸦还会吃蝗虫、蝼蛄、金龟甲和蛾类幼虫等农业害虫，这对农田十分有利。因此，人们就送给它"清道夫"这个称号。

麻雀活泼大胆，好奇心强，聪明警觉，喜欢群居。当有其他鸟类入侵时，它们会非常团结，勇敢地赶走入侵者。

麻雀走路为什么一蹦一跳的?

má què zǒu lù de zī shì hěn qí guài　zǒng shì yí bèng
麻雀走路的姿势很奇怪，总是一蹦

yí tiào de　tā wèi shén me bù néng xiàng rén lèi yí yàng　yí
一跳的。它为什么不能像人类一样，一

bù yí bù de zǒu ne　yuán lái　rén lèi zhī suǒ yǐ néng zǒu
步一步地走呢？原来，人类之所以能走

lù　shì yīn wèi rén de tuǐ hěn cháng　ér qiě yǒu xī guān jié
路，是因为人的腿很长，而且有膝关节，

tuǐ néng gòu tōng guò xī guān jié wān qū　ér má què de tuǐ hěn duǎn
腿能够通过膝关节弯曲。而麻雀的腿很短，

yòu méi yǒu xī guān jié　bù néng huí wān　suǒ yǐ zhǐ néng yí bèng yí
又没有膝关节，不能回弯，所以只能一蹦一

tiào de zǒu lù le
跳地走路了。

除了黎明，公鸡也会在其他时间打鸣儿，一方面宣示自己的主权和地位，另一方面告诫其他公鸡不要来侵犯领地。

公鸡为什么在黎明时打鸣儿？

公鸡有"夜盲症"，晚上看不到东西，总是提心吊胆。而到了清晨，公鸡的视力恢复了，怎么表达这种喜悦呢？于是就打起鸣儿来。其实，打鸣儿是公鸡对于光线刺激的本能反应。公鸡的头部有一个特殊的器官，就像闹钟一样，因此，即使暂时把公鸡放到没有光线的地方，它在清晨时一样会打鸣儿。

　　鸭子的体型像小船一样，能浮在水面上；它的蹼（pǔ）像船桨一样方便划水；它的羽毛上有油脂，不会被水浸湿。

鸭子走路为什么一摇一摆的?

鸭子真是可爱，走路时总是一摇一摆的。

其实，这是由于鸭子的腿比较短，长得稍稍靠后，方便在水中伸展开身体，游得更快。

可是到了陆地上，它们用短腿支撑着长长的身体，重心既不在双脚中心，也不在身体中央，而是靠后，走起路来就需要昂首挺胸、左右摇摆，以此来维持身体的平衡。

海鸥为什么喜欢追着轮船飞？

háng xíng de lún chuán jīng cháng yǒu hǎi ōu xiāng bàn
航行的轮船经常有海鸥相伴，

zhè shì wèi shén me ne　yuán lái　zài háng xíng shí　lún
这是为什么呢？原来，在航行时，轮

chuán shàng kōng huì chǎn shēng yì gǔ shàng shēng de qì liú　hǎi ōu
船上空会产生一股上升的气流，海鸥

kě yǐ jiè zhù zhè gǔ qì liú háo bú fèi lì de fēi xiáng　lìng
可以借助这股气流毫不费力地飞翔。另

wài　xiǎo yú　xiǎo xiā bèi chuán jī qǐ de làng huā pāi yūn zài shuǐ
外，小鱼、小虾被船激起的浪花拍晕在水

miàn shang　hǎi ōu jiù néng qīng ér yì jǔ de bǎ tā men chī diào　zhè
面上，海鸥就能轻而易举地把它们吃掉。这

zhǒng　shǒu zhū dài tù　de mì shí fāng shì　zhēn shì hǎi ōu de cōng
种"守株待兔"的觅食方式，真是海鸥的聪

míng zhī jǔ
明之举。

海鸥贴近海面飞，预示天气晴好；海鸥徘徊海边，预示天气不佳；海鸥成群地高飞回海边，预示着风暴将至。

企鹅的脚长时间踩在冰上，会冻坏吗？

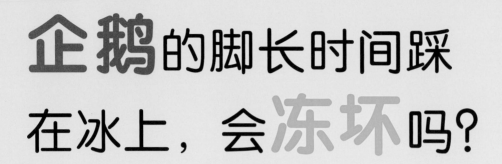

企鹅的脚长时间站在冰上，难道不会冻坏吗？原来，企鹅脚上的血管呈网络状交错分布，可以随时进行热量交换，方便保暖。同时，这些血管还能自动调节脚部的血液流量，使企鹅的体温保持在0℃以上。这样，企鹅的脚就不会因为单向的血液流动而冻伤了。

企鹅蛋是由企鹅爸爸孵化的。孵蛋时，企鹅爸爸会两个月不吃不喝，站着睡觉，依靠脂肪来维系自己的生命。

花丛中飞舞的蝴蝶是在玩耍吗?

蝴蝶在花丛中飞舞，是因为花朵的美丽，还是在追逐嬉戏呢？原来，大多数蝴蝶以花蜜为食，但它们有些"挑食"，不同种类的蝴蝶对花朵的喜好也各不相同。有趣的是，蝴蝶的眼睛和鼻子都不灵敏，只能依靠触角远远感受和寻找自己喜欢的花朵，再飞到花丛中，借助足部来品尝花蜜。

一些种类的蝴蝶专门吸食特定种类的花蜜，有些种类的蝴蝶还喜欢吸食树的汁液，甚至人兽的粪便。

　　飞蛾在静止时，翅膀多是左右平展的；蝴蝶在静止时，翅膀多是竖立的。这也是人们区分飞蛾与蝴蝶的方法之一。

飞蛾扑火
是想自杀吗？

飞蛾多在夜间活动，靠月光射向眼睛的固定方向保持直行。但射到地球上的月光光线是近似平行的，而蜡烛和火把的光线却是球形的。飞蛾错误地把烛光和火当作月光，保持原来的角度飞行，就会偏离直行轨迹，围绕蜡烛和火把盘旋，越靠越近，最终在火中丢掉性命。

蜻蜓为什么要点水？

别看蜻蜓每天在空中飞舞，它们的幼虫却只能生活在水里。我们看到的蜻蜓点水，其实是蜻蜓在产卵。蜻蜓把卵附在水草上，不久便能孵出幼虫来。这些蜻蜓的幼虫没有翅膀，却有一个大大的肚子，靠捕食蚊子的幼虫为生。一段时间后，蜻蜓的幼虫爬出水面，就变成了展翅飞翔的蜻蜓。

蜻蜓被认为是自然界最优秀的飞行者之一。受蜻蜓的启发，人类发明了不需要跑道就能直接从地面升起的直升机。

瓢虫是一种极其聪明的昆虫，当危险来临时，它便会将腿缩回肚子下面，直直地坠落到地面，一动不动，以"假死"来躲避危险。

有几颗"星"的

瓢虫是益虫？

瓢虫是比较常见的昆虫。当你仔细观察时就会发现，大多数瓢虫的背上有一些黑色的斑点，通过这些斑点可以识别瓢虫的种类和"好坏"：二星瓢虫、四星瓢虫、六星瓢虫、七星瓢虫等是益虫，主要捕食玉米、棉花等作物中的蚜虫；十一星瓢虫、二十八星瓢虫等是害虫，会啃食豆类、茄类的果实和嫩芽。

蜜蜂是怎么把花蜜酿成美味的蜂蜜的?

蜜蜂将采来的花蜜与自己的唾液混合，使花蜜中的糖分发生反应，再通过扇动翅膀来降低水分，蜂蜜就酿成了。听起来很简单对不对？但实际上，每酿造1千克蜂蜜，蜜蜂就要进行几万次采集飞行。在酿造时，蜜蜂需要将花蜜吸到胃里，等花蜜发生反应后，再吐出来，如此反复一百多次，蜜蜂可真是辛苦哇！

『码』上来听

在寒冬来临时，蜜蜂会抱成一团，通过振动翅膀来产生热量，让蜂巢的温度保持在30℃左右，防止因寒冷而死亡。

为什么说<u>蚂蚁</u>是"<u>大力士</u>"？

蚂蚁身形小得可怜，却被称为"大力士"！这是为什么呢？通常，人类所能举起的重量不会超过自身体重的三倍。而蚂蚁却可以举起超过它自身体重五十倍的物体，有的蚂蚁甚至可以举起超过自身体重一百倍的物体，相当于一个人扛起一辆大集装箱货车。蚂蚁真是名副其实的"大力士"呀！

　　观察蚂蚁的行动，能得到一些气象信息。比如蚂蚁成群出洞，预示着大雨即将来临，有句谚语说："蚂蚁排成行，大雨茫茫。"

　　苍蝇总出现在脏乱的地方却不得病，这是因为它在进化过程中对病菌产生了免疫力，在它的身体中，有一种抗菌物质，能杀死病菌。

苍蝇为什么喜欢把脚蹭来蹭去？

苍蝇经常将脚蹭来蹭去，这是它在做自我清洁。与人类不同，苍蝇的味觉器官是长在脚上的。它一飞到食物上，就先用脚上的味觉器官去品尝食物的味道，然后再用嘴去吃。因此，苍蝇脚上总沾着许多食物，这样既阻碍飞行，又影响味觉器官的灵敏性，所以它会经常将脚蹭来蹭去。

螳螂是怎样"换衣服"的？

夏天，我们会见到绿色的螳螂，但是到了秋天却基本见不到绿色的螳螂了，它们没有消失，只是换了一身"衣服"。在螳螂的生长过程中，它的体色会随着周围环境的变化而改变。在草木葱郁的夏季，螳螂的"衣服"是绿色的；而草木变得枯黄时，螳螂的"衣服"又会变成黄色或者褐色。

　　螳螂的本领可不仅限于改变"衣服"的颜色，有些螳螂还会拟态成花朵或树叶的模样，来迷惑和捕捉猎物。

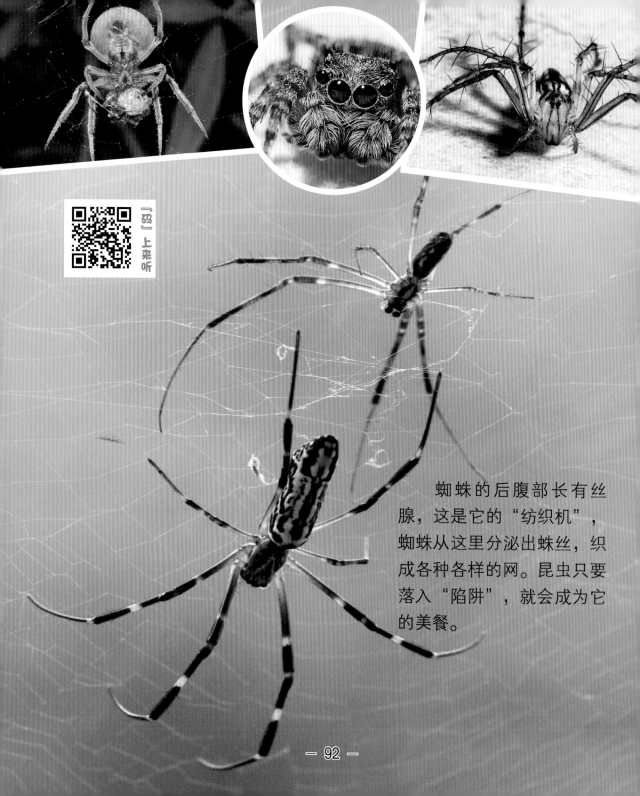

蜘蛛的后腹部长有丝腺，这是它的"纺织机"，蜘蛛从这里分泌出蛛丝，织成各种各样的网。昆虫只要落入"陷阱"，就会成为它的美餐。

蜘蛛网为什么不会粘住蜘蛛？

为什么蜘蛛网会粘住许多昆虫，却不会粘住蜘蛛自己呢？原来蜘蛛网中的蛛丝分为经丝和纬丝两种，其中经丝只对蜘蛛网起支撑作用，没有黏性，蜘蛛对蜘蛛网了如指掌，所以就不会被纬丝粘住。而且，蜘蛛能分泌出一种油性物质，将它涂在脚上，即使不小心碰到纬丝，也能安然脱身。

蜗牛为什么喜欢背着"房子"走路？

wō niú jì méi yǒu gǔ gé zhī chēng yě méi yǒu táo pǎo néng lì
蜗牛既没有骨骼支撑，也没有逃跑能力，

tā de bì xiǎn jué zhāor jiù shì bēi zhe fáng zi zǒu zhè ge fáng
它的避险绝招儿就是背着"房子"走。这个房

zi jiù shì wō niú de ké dāng yù dào dí hài shí ké jiù shì wō niú
子就是蜗牛的壳。当遇到敌害时，壳就是蜗牛

zuì hǎo de fáng hù zhuāng bèi tā kě yǐ jiāng tóu hé wěi yì qǐ suō jìn ké
最好的防护装备，它可以将头和尾一起缩进壳

蜗牛是世界上牙齿最多的动物，拥有超过一万颗牙齿，但是它的牙齿不能用来撕咬和咀嚼，只能碾磨食物。

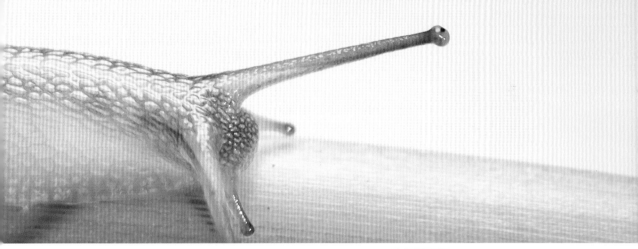

zhōng bìng fēn mì nián yè jiāng ké kǒu fēng zhù lìng
中，并分泌黏液将壳口封住。另

wài wō niú de shēn tǐ yòu ruǎn yòu pà rè wō niú
外，蜗牛的身体又软又怕热，蜗牛

ké hái kě yǐ bǎo hù tā miǎn shòu fēng chuī rì shài
壳还可以保护它免受风吹日晒。

猫头鹰睡觉为什么睁一只眼、闭一只眼？

猫头鹰是一种夜间活动的鸟类，以捕食老鼠、鸟类、昆虫为生。它昼伏夜出，白天会在树林或岩石上休息。由于猫头鹰的眼睛无法适应白天强烈的日光，所以不得不闭上眼睛休息。但是为了防范天敌的偷袭，它只能在睡觉时保持警惕，一旦听到任何声响，就会睁开一只眼睛去观察。

猫头鹰的眼睛不能向不同方向转动，它要望向不同方向时，需要转动整个头部。

　　螃蟹壳中含有一种叫虾红素的色素，当遇到高温时，大部分色素都被分解掉了，只有虾红素不怕热被保留下来，所以熟螃蟹的壳是红色的。

螃蟹为什么总是"横行霸道"？

地球的地磁场多次发生变化，使得螃蟹感受磁场的器官失去了定向作用。为了使自己能够生存下来，螃蟹无奈之下采取"以不变应万变"的做法——横着走路。另外，螃蟹共有五对足，后面的四对叫步足，负责走路。由于螃蟹的步足只能向下弯曲，所以螃蟹在爬行时就只能左右移动了。

鱼在吞咽食物时会吸进不少空气，只有通过"放屁"排掉这些多余的气体，鱼在水中才不会失去平衡，才能随心所欲地游来游去。

鱼也会睡觉吗?

鱼当然也要睡觉。鱼睡觉时会停止游动,静止在一个地方,有的在水底,有的在水的中层。不过,鱼睡觉就像人类打个盹儿一样,时间不长,还要通过两个脑半球交替进行。当一个脑半球处于睡眠状态时,另一个脑半球就要醒着,每隔十几分钟更替一次,时刻保持着警惕。

海马一般生活在海藻周围，体色同海藻相近，它的身上还有一根根活动的棘（jí）条，这些棘条随水流和海藻一起浮动，使海马很难被天敌发现。

小海马是海马爸爸生出来的吗？

海马妈妈没有育儿袋，每年春天，海马妈妈都把卵产在海马爸爸的育儿袋里。当卵慢慢孵育成小海马时，育儿袋逐渐膨胀到似乎要破裂了，此时海马爸爸就会使劲收缩自己的肚皮，把小海马一条一条地弹出来。不知情的人看到了，就会误以为小海马是海马爸爸生出来的。

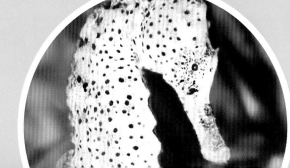

　　海豚救人是出于它的本能。刚出生的小海豚需要父母将它托出水面换气，日积月累，这种行为就成了它们下意识的动作。

海豚会说话吗？

海豚能够用声音传递信息，和同伴相互联系。它们会通过各种声音表达不同的情绪，比如尖叫声、口哨声、叹息声、嘎嘎声等，每种声音信号所表达的意义以及情绪反应都不一样。在海豚小时候，海豚妈妈还会教它们一种独特的鸣叫声，像是它们的名字一样。

鲸为什么要喷出高高的水柱？

鲸是用肺呼吸的，因此不能在水下停留很久，一般半小时左右，鲸就需要到水面呼吸一次。鲸的鼻子长在头顶，当它浮出水面时，要先将肺中的大量废气排出，排出的气体压力很大，能将鼻孔周围的海水喷出海面。由于海面空气比鲸肺部气体凉，所以排出的气体遇到冷空气就凝结成了小水滴，形成雾状水柱。

鲸不是鱼类，它是胎生哺乳动物。与其他海洋动物不同，小鲸很少吃鱼虾，主要靠吃鲸妈妈的奶长大。

为什么能找到回"故乡"的路?

海龟虽然在出生后很短的时间里就会奔向大海,但是却能牢牢记住自己出生地的气味。正是依靠记忆中的气味,海龟才能从千里之外准确地返回自己的出生地来繁殖下一代。也有人认为,海龟会利用星星和太阳的位置以及海流和水温来确定出生地的方向。

海龟的眼窝后面长有盐腺，它能把海龟体内多余的盐分通过眼睛边缘慢慢地排泄出来，这样看上去好像海龟在"流泪"。

乌贼被称为"海洋变色龙"，能够改变自己身体的颜色，来与周围环境融为一体，这样既能躲避敌害，又方便捕食。

乌贼为什么要喷"墨汁"?

乌贼肚子里的"墨汁"是用来自保的武器。假如有凶猛的敌人扑来，乌贼就立即从墨囊中喷出一股"墨汁"，把周围海水染黑，就像烟雾一样。这很容易迷惑敌人，而乌贼就在黑色的"烟雾"里溜之大吉了。但由于积蓄"墨汁"相当困难，乌贼是轻易不会施放"墨汁"的。

梁龙虽然是体型非常长的恐龙，但是它的体重却只有两头亚洲象那么重，这是因为它的骨头是中空的，所以很轻。

为什么植食性恐龙比肉食性恐龙大？

在恐龙家族中，植食性恐龙比肉食性恐龙要大得多，如梁龙的体长是巨兽龙的两倍左右。这是因为，植食性恐龙没有肉食性恐龙那样的大头、大嘴和尖利的牙齿，不具有强大的攻击性，只能依靠庞大的身躯让那些想伤害它们的攻击者望而却步。

　　霸王龙的前肢非常细小，还不到后肢的四分之一长，这样的前肢既摸不到自己的嘴，也碰不到自己的脚，所以人们推测它可能只是起到平衡的作用。

长大牙的霸王龙和有角的三角龙谁厉害？

霸王龙前肢虽然细小，后肢却很发达，尾巴也强劲有力，它的头骨既大又坚实，牙齿非常锐利，是恐龙中的霸王。三角龙长得像犀牛，它可以用巨大的利角攻击对方，同时它的头部还有一个"盾"，所以霸王龙也不敢随便攻击它。人们曾经通过化石发现，霸王龙在和三角龙打斗时占据了上风。

为什么恐龙会灭绝？

比较权威的观点认为，6500万年前，曾有一颗小行星坠落到地球的表面，引起了一场大爆炸。大量的尘土被带到了大气层，形成了遮天蔽日的尘雾。见不到阳光的植物大量死亡，植食性恐龙和肉食性恐龙因缺少食物而相继灭绝。也有人认为恐龙的灭绝可能与气候变迁、物种斗争、酸雨等有关。

许多人都以为恐龙是一种巨型生物，但实际上恐龙的体型大小相差很多，2019年在辽宁发现的幼年擅攀鸟龙化石只有麻雀大小。

恐龙会复活吗？

目前来说，恐龙复活是不可能的。恐龙复活需要完整的基因，以便进行克隆，而恐龙是在6500万年前灭绝的，很难找到完整的基因。即便找到完整基因，恐龙也很难长久存活。因为如果全部恐龙都是同一种基因，那么当一种疾病袭击恐龙的时候，恐龙又会全部死亡。

如今的鸟类是由恐龙演化而来的。据科学家调查发现，鸟类的祖先属于蜥臀（tún）目下一种小型且长有羽毛的恐龙。著名的霸王龙也属于蜥臀目。

图书在版编目（CIP）数据

动物王国 ／ 孟勋主编 . -- 长春 ：吉林人民出版社，
2016.12（2021.12 重印）
　　（不可不读的炫酷儿童百科）
ISBN 978-7-206-13226-1

Ⅰ．①动… Ⅱ．①孟… Ⅲ．①动物－儿童读物 Ⅳ.
① Q95-49

中国版本图书馆 CIP 数据核字 (2016) 第 285454 号

不可不读的炫酷儿童百科·动物王国

吉林人民出版社出版发行（中国·长春人民大街 7548 号　　邮政编码：130022）
网　　　址：www.jlzgjy.com.cn　　　　电　话：0431-85208981

主　　编：孟 勋　　　　　　　　　　责任编辑：储可玉
责任校对：杨蕊嫣　　　　　　　　　　装帧设计：李思雯

印　　刷：辽宁新华印务有限公司
开　　本：889 毫米 ×1194 毫米　1/24
印　　张：5
字　　数：60 千字
版　　次：2017 年 1 月第 1 版
印　　次：2021 年 12 月第 2 次印刷
标准书号：ISBN 978-7-206-13226-1
定　　价：23.80 元